U0723382

地球旅行指南

外星人星际航行必备

〔法〕穆里尔·齐歇尔 著

〔法〕斯特凡纳·尼科莱 绘

苏迪 译

孤独地球

人民文学出版社
PEOPLE'S LITERATURE PUBLISHING HOUSE

著作权合同登记号　图字 01-2022-6259 号

Text by Muriel Zürcher

Illustrations by Stéphane Nicolet

TERRIENS MODE D'EMPLOI

Original French edition and artwork © Casterman, 2017

All rights reserved.

Text translated into Simplified Chinese © 2022, Shanghai 99 Readers' Culture Co., Ltd.

This copy in Simplified Chinese can only be distributed and sold in PR China, no rights in Taiwan, Hong Kong and Macau.

图书在版编目（ＣＩＰ）数据

地球旅行指南：外星人星际航行必备 / （法）穆里尔·齐歇尔著；(法) 斯特凡纳·尼科莱绘；苏迪译.
-- 北京：人民文学出版社, 2023
　　ISBN 978-7-02-017717-2

　　Ⅰ . ①地… Ⅱ . ①穆… ②斯… ③苏… Ⅲ . ①儿童故事－图画故事－法国－现代 Ⅳ. ①I565.85

中国版本图书馆 CIP 数据核字 (2022) 第 247906 号

责任编辑　卜艳冰　杨　芹
装帧设计　李苗苗

出版发行　人民文学出版社
社　　址　北京市朝内大街 166 号
邮　　编　100705

印　　刷　山东新华印务有限公司
经　　销　全国新华书店等

字　　数　69 千字
开　　本　889 毫米 ×1092 毫米　1/16
印　　张　4.25
版　　次　2023 年 1 月北京第 1 版
印　　次　2023 年 1 月第 1 次印刷

书　　号　978-7-02-017717-2
定　　价　69.00 元

如有印装质量问题，请与本社图书销售中心调换。电话：010-65233595

对于茫茫宇宙来说，寂寂无闻的地球仍是一块处女地。它是宇宙最后的蛮荒星球。你想去探险吗？你想周游地球吗？如果是，那么这本百科全书式的指南正是你所需的！

我是一位地球学教授，经过多年细致研究、观察地球生物及其生活环境，我所获颇丰。在本书中，我将与你分享这些最切实可靠的知识。

有了《地球旅行指南》，你将了解与地球相关的最新科学理论，破解这颗星球为你预设的种种陷阱……不仅如此，你还将走入当地居民的奇妙内心！

地球人吃烤外星人吗？猫已经奴役了他们？为什么地球人要用"学校食堂"折磨他们的孩子？所有你想知道或者没想到的问题都能在这里找到答案。有了这本百科全书，你将洞悉地球人的所有秘密（几乎）！

然后，你只需要做一件事：翻开下一页！

T. 穆里尔教授

目录
CONTENTS

一、
地球文明入门
初次接触地球

（一）地球在哪里？

1. 地球人的原始宇宙观

有的地球人认为宇宙中心在这里

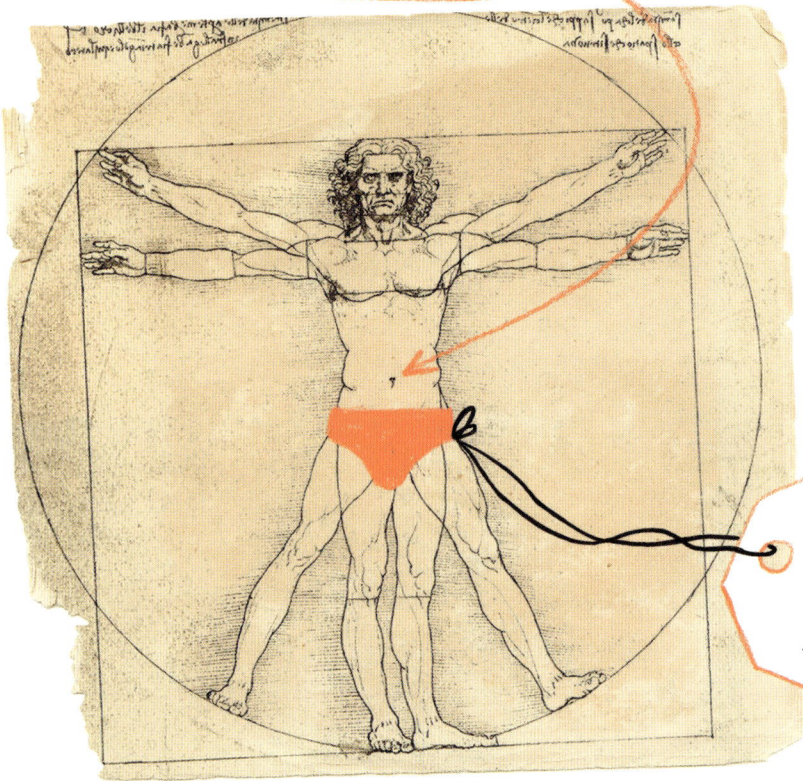

五百多年前，一个名叫达·芬奇的地球人画了这幅图。由此可见，他们已经严重退化，只剩下四条可以弯曲的触手：

两只手和两只脚！

手织羊毛三角裤
100%扎人纯羊毛
（由此能更好地理解地球人的脑回路）

什么是三角裤？

男性的三角裤叫内裤，而女性的三角裤叫花式内裤（地球人喜欢把简单的东西搞复杂）。内裤和花式内裤都有一个漫长的进化过程（见下图）。

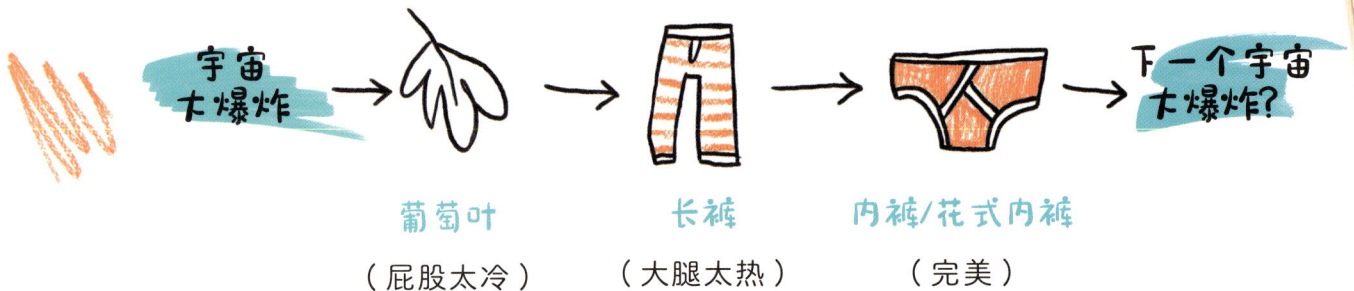

宇宙大爆炸 → 葡萄叶（屁股太冷）→ 长裤（大腿太热）→ 内裤/花式内裤（完美）→ 下一个宇宙大爆炸？

2. 科学真相

地球：浩瀚宇宙中的一粒沙。

无边

行星
SAU6C

阿特鲁星系

彗星NO.1

行星89°15′：
（地球）

黑洞

BOOGLE MAPS

无际

黑洞
就像这样的
小破洞

BOOGLE MAPS
（火星卫星高清地图）

3

3. 地球科学家眼中的地球

地球上的许多大科学家试图说服地球人，想让他们相信地球只是宇宙中的尘埃，但是，

没有成功!

伽利略

哥白尼

开普勒

爱因斯坦

（这是他很常见的
表情）

D2-R2*

为什么?

因为地球人以自我为中心。
他们认为星星只是
浪漫夜色的点缀!

浪漫的诗人!

*《星球大战》系列电影中的机器人。

即使离开了他们的星球，地球人仍渴望标记新的领土。

（二）地球人对我们的了解

1. 无所不知 ←

至少，
他们这么认为！

地球人不知道如何研究我们，他们单凭想象。非常、非常有创造力！

地球人拥有创造性变异能力

想象力

技术力

他们知道得越少，就想象得越多！

他们总是将我们的形态分成三类：

又丑又好的我们

又丑又坏的我们

又丑又软的我们

不管是什么，都是丑，丑，还是丑！

然而真相是……

2. 一无所知

← 真相!

在探测宇宙的技术方面，地球人毫无建树!

哈勃

（地球人最先进的望远镜）

哈哈哈!

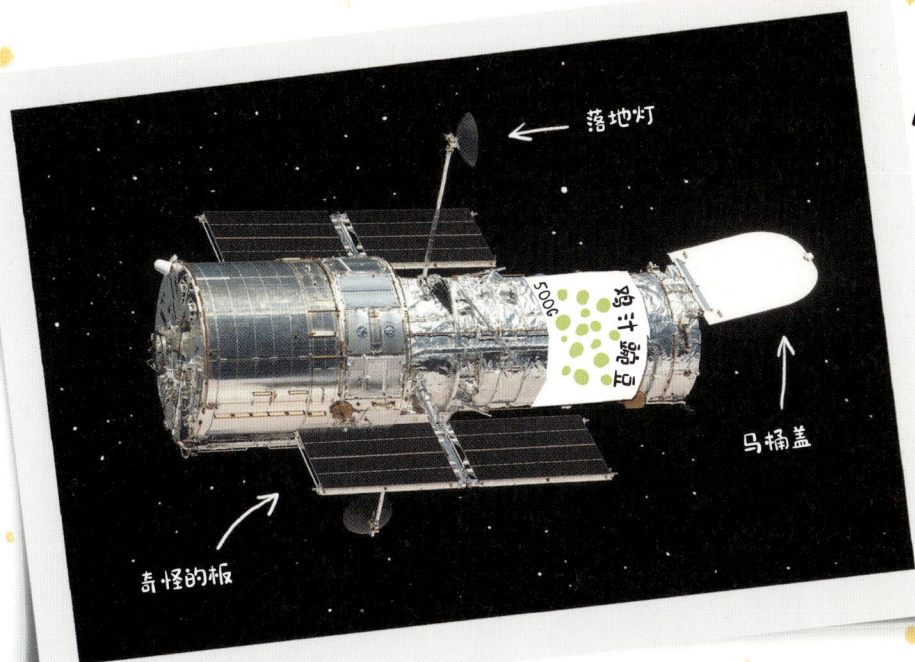

落地灯

马桶盖

奇怪的板

他们如何观察我们?

他们在望远镜上装了各种罐头盖子!

他们永远无法看到我们!

我们可以继续安心地晒我们的皮毛……和鳞片。

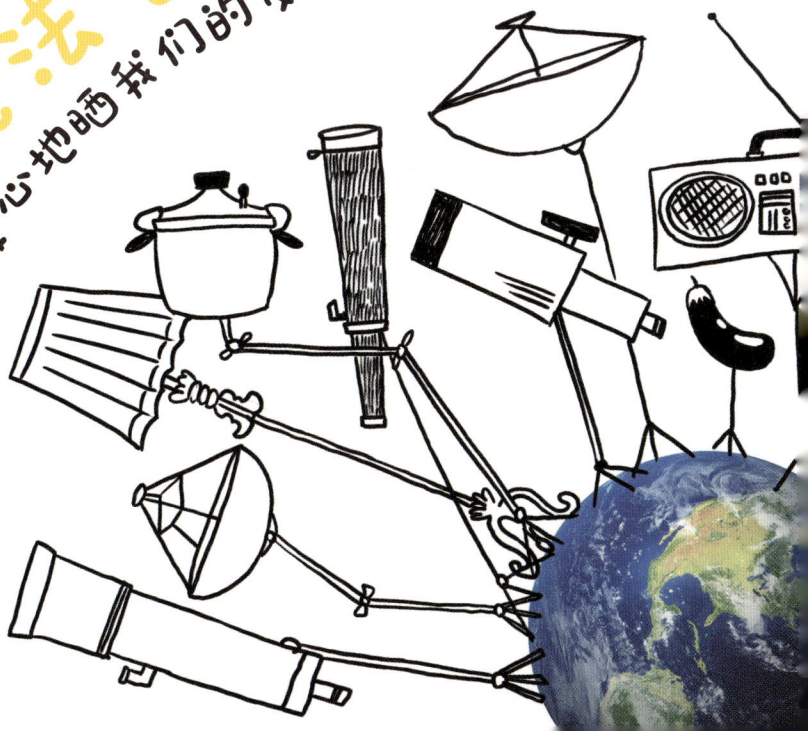

（三）如何落地*

1. 选择合适的落地点

落地点最好选在没有地球人的地方。

落地时间更重要。
夜晚最理想，
那时候，地球人会被
他们的屏幕催眠。

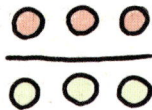

必须避免

动物园的臭鼬馆

周日的学校停车场

废弃的净水厂

免费的数学课堂

放大×100000000……

在非周末的
学校操场着陆。
具体情况请查询
第29页。

2. 遮光镜的双重保护

地球人很奇怪，他们偏要叫遮光镜为"墨镜"！

一旦发现飞碟*，地球人就会进入自卫模式：拔出远程心灵感应器（也叫"手机"），打开"闪光器"。落地时，地球人会聚集，如果不想被闪瞎双眼，最好戴上遮光镜！

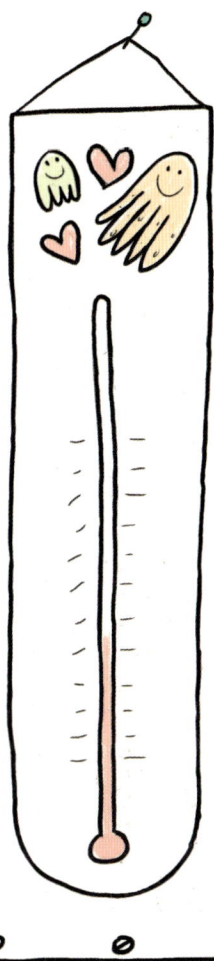

地球人使用"闪光器"的典型姿态

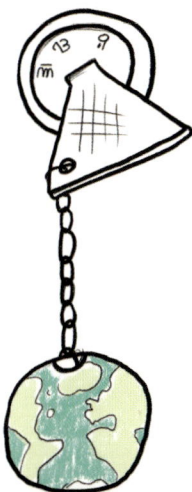

*落地：
指在地球降落的一系列操作。

*飞碟：
原本是指地球人用来装食物的一种小盘子，后来不知为何，被用来形容我们外星人的宇宙飞船。

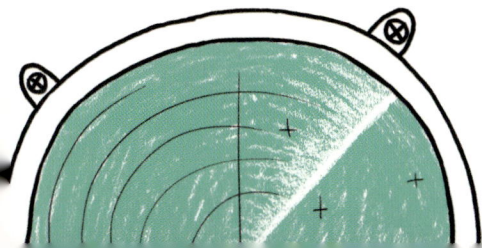

3. 学习识别地球人……
尽管他们有各种各样的伪装

你以为这些生物分属不同物种？

你错了！

地球人有时看上去很不一样，但其实，他们很类似。
（见下一页的地球人解剖图）。

仔细观察这些地球人的伪装，
练习如何辨识他们！

4. 区分友好地球人和不友好地球人

如果落地在不友好区域，你注定完蛋！

科学家证实，我们无法通过解剖区分友好地球人和不友好地球人，因此只有一种方法：打开你的眼睛和耳朵！

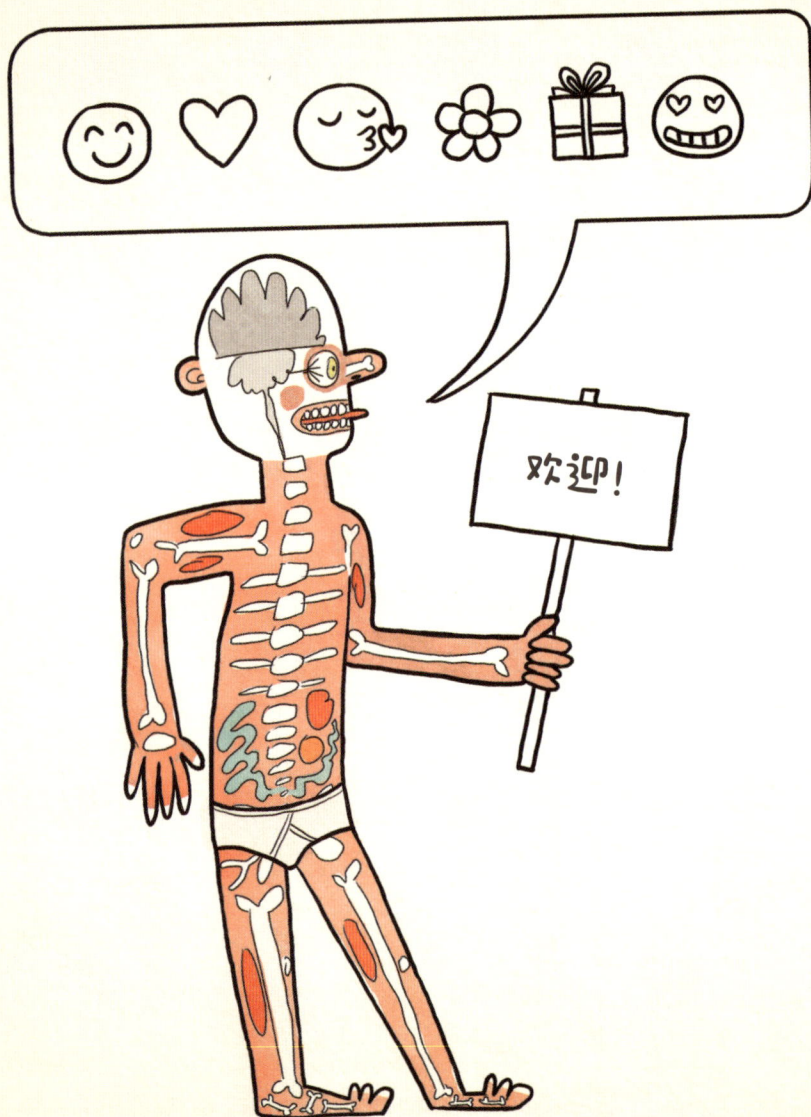

友好地球人的解剖图

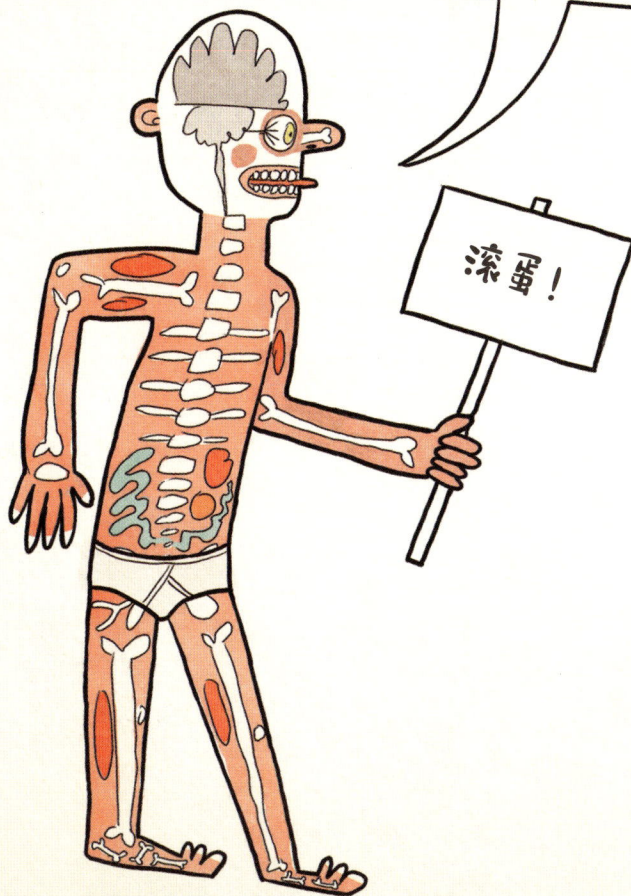

不友好地球人的解剖图

十分友好的地球人的珍贵标本
不友好   地球生物

谚语

友好地球人
=
完美落地!

（四）初来乍到，注意安全！

我们必须谨记祖先的格言：

> "冷静考虑前，不要出发去地球。"
>
> "并非所有黑洞都是我们理解的那个。"
>
> "我们要为地球人学习憋气。"
>
> "必须接通定时引爆装置，飞船才能起飞。"

这一点100%正确！

地球人很臭！

初来乍到，外星人很可能窒息而死。

排放毒气区

菌类繁殖区

呼吸充电区

有毒液体区

注意！

地球人很敏感。为了隐藏臭味，他们成天清洗自己。（但这没用！）你对臭味的反感可能会刺激到他们。

* 携带本书购买优惠10%。

解决方案*

呼吸袋
【不贵】

过滤面罩
【稍贵】

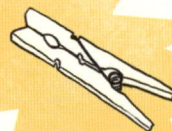
闭气夹
【买一送一】

为什么地球人很臭？

地球人为了疯狂除臭，发明了各种**专用机器**：

洗草器

洗衣器

洗火器

至今，地球人依然在一种美丽的盆里洗手。

他们当然很臭，因为"洗"这种除臭技术太低级。

15

二、
深入地球文明
深入而详细地了解他们

（一）地球人的交流方式

1. 说话方式

Ka mate! Ka mate! Ka ora! Ka ora! *

语言

舌头

每个地球人都有一张嘴 :-D，一根舌头 :-P ，一个声带 :-€。他们借助这些器官发出一整套声音，就是所谓的 语言 。

研究语言后，我们发现了许多怪事：

拼图

500片

翻译机器人

怪事一

地球是一个巨大的"拼图"，那里有许多国家，各个国家的地球人说各种不同的语言；即便是最好的翻译机器人，也不会说他们的拉丁语＊！

怪事二

有些话，小地球人没有权力说，只有大地球人可以随便乱说。地球人称之为"脏话"，但不知道这些话为什么脏。

超级怪事三

对于地球人来说，"请"和"谢谢"具有魔力，但我们的魔法探测器无法探测这种魔力。或许那是一种未知形态的魔法？

亲爱的，谢谢！

＊ 意思是："抓贼！抓贼！我的衣服！我的衣服！"
＊ 一种快要入土的濒死语言。

2. 手势交流

地球人说话时，会使用一些难以理解的手势。

手势差不多，但意思截然不同：

宝贝，睡吧。

别惹我！

手势不能有偏差：

我要发言！

（不可翻译的
下流手势。）

一些常见的手势：

含义尚不清楚。

打电话。*

赞！或者——
可以搭个顺风车吗？

* 电话：古老的交流技术，用于弥补地球人无法用心灵感应交流的弱点。

19

3. 词语的陷阱

有时，地球人会用**同一个**词语描述许多**不一样**的东西。

狗

有时，他们又会用许多不一样的词语描述同一个东西。

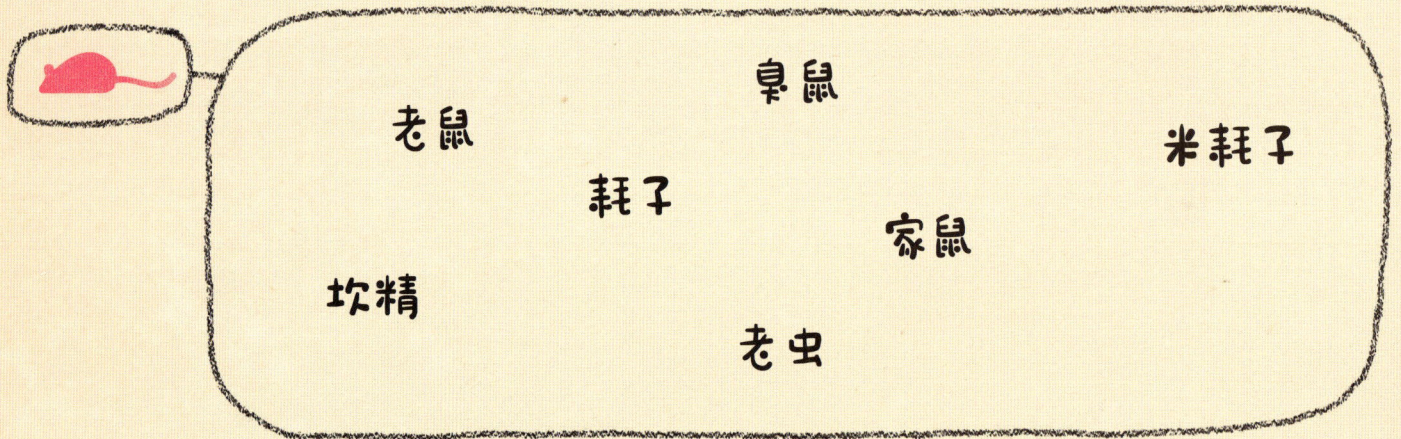

老鼠

臭鼠

米耗子

耗子

家鼠

坎精

老虫

他们也使用图像语言（通常很难理解）：
他们将这些图像插在路边。

自行车
下车推行

必须牵绳

直升机

他们也用图像作解释说明。

"卟尚雪"
操作手册

1

2

3

4

5

说明书范例

（二）地球人的礼仪

1. 初级问候方式

首先要学会互相问候，但注意：

问候的方式多种多样

传递微生物式

颤抖式握手礼

亲吻式

碰鼻式
（戴毛茸茸帽者专用）

"静"礼

气味式
（适用于动物）

高雅式

"惊"礼

2. 只对纯种地球人
有效的问候方式

非戴毛茸茸帽者

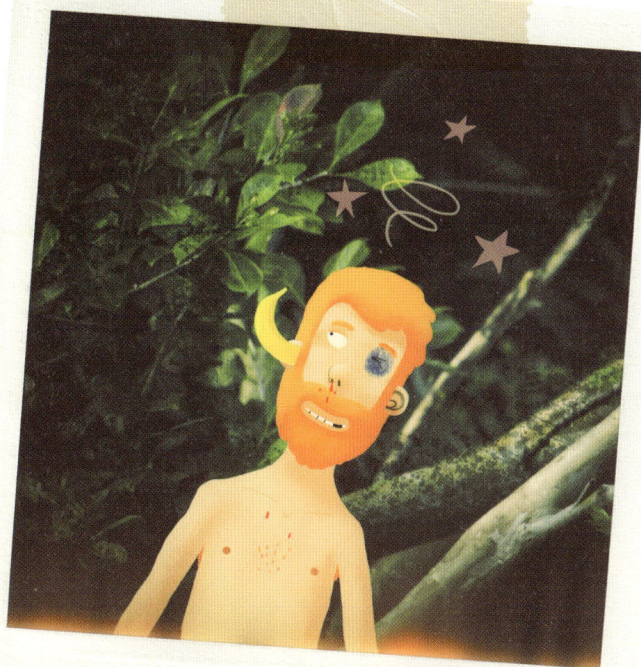

第一步：尝试碰鼻式

第二步：碰鼻式失败

建议一

赶紧重温"学习识别地球人……
尽管他们有各种各样的伪装"
这一节内容。

建议二

勤加练习！
这很有必要，因为木土星人的
谚语说得好：

问候对于地球人，正如钥匙用于锁。

巴别塔

根据地球人的传说，他们曾想建一座阶梯式通天塔！但由于语言各不相同，地球人互相之间无法沟通，通天塔才没有建成！

太蠢了！他们应该来看一下我们的星球！

非常重要的建议

记得带上你的翻译机器人！像我这样彬彬有礼的机器人，虽然是老型号，但在地球非常实用。

（三）食物

地球人吃外星人吗？

地球
—
外星人
失踪档案

CIA
外星人审查中心

我们的科学家始终无法确定地球人是否吃外星人，但这一传闻在宇宙中广为流传。

地球人是**杂食动物**，但这并不代表他们会吃人。吃人的地球人叫**食人族**，是一种已经灭绝的物种。

最后一起食人事件
【穆里尔·Z. 1981年】

地球人是杂食动物，也就是说，他们吃任何东西（卷心菜，动物内脏……）都不会呕吐，也不会猝死。我们因此不能完全排除地球人吃外星人的可能性……

但不用害怕！

有些地球人选择以另一种方式进食。

有一种数学食草族，他们一边吃水果和蔬菜，一边算计！

$$\text{(青椒)} \times \text{(番茄)} = \text{(黄瓜)} - \sqrt{\text{(草莓)}}$$

每天五个，不能多，也不能少！

有一种食糖族，他们只想吃糖果，不想吃饭。

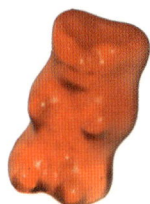

地球人的糖果标本

食糖族通常会隐藏自己的身份。

还有一种异食族，他们只吃不好吃的东西，也就是说，既不吃糖果（连番茄酱也不吃），也不吃油脂（连薯条也不吃），能吃的东西所剩无几。

也许有一天，地球人会宣布只吃地球食物，绝不吃外星人！

（四）学校食堂

不知为何，地球人总是喜欢强迫他们的孩子接受食物的酷刑。每天中午，这些可怜的孩子必须聚在一起，吞下各种黏糊糊、脏兮兮、让人作呕的东西！一些学校食堂不遗余力地为小地球人营造假象：

注意！
参观食堂会导致敏感的外星人休克。

表面上

今日菜单

1 奶酪蔬菜汤

2 鸡肉薯条

3 覆盆子布丁

祝你用餐愉快！

事实上

1
油脂里的纤维束

2
死鸟，从热油中捞出的

3
添加色素的含水凝胶

建议一
为了避免不适，请远离食物放置区。

小地球人还吃一些特殊的食物。可怜的孩子不喜欢
吃食堂的食物，只能吃手上的东西。

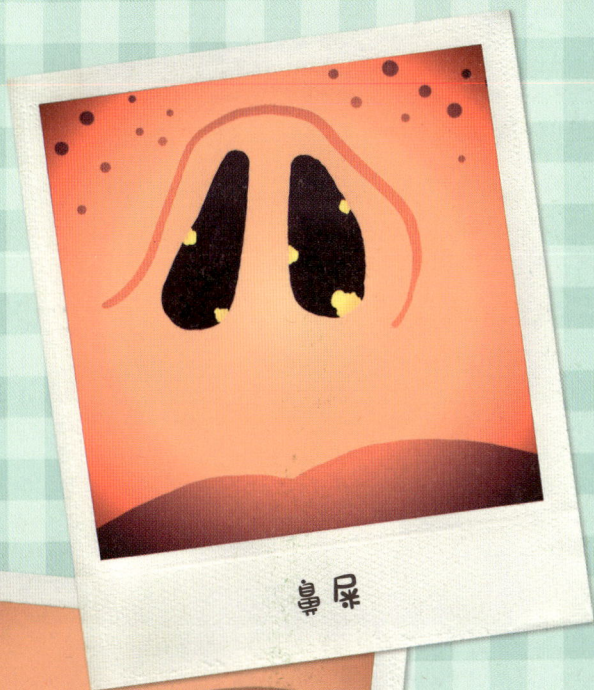

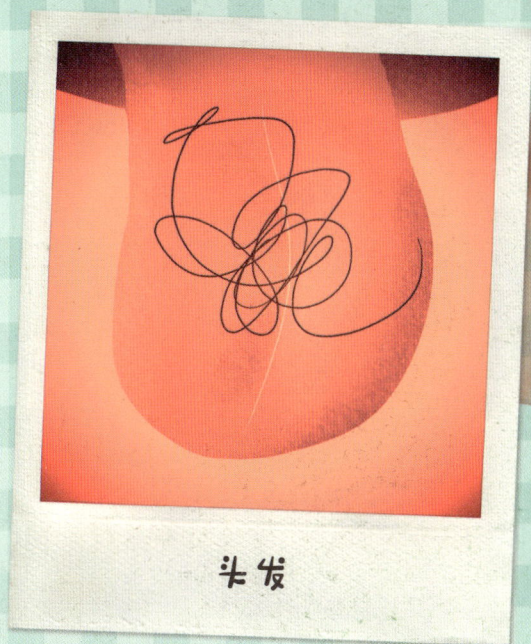

指甲

鼻屎

蜡笔和铅笔

头发

建议二

别在学校操场上落地。
天知道那些小地球人会不会
因为**饥饿**变身成什么都吃的
怪兽！

（五）地球人研究食物的方式

1. 购物

为了进食，地球人不停地做两件事：

装满和清空。

就像一个无休无止的死循环，没有地球人可以幸免：
对地球人而言，这是一场终究难以逃脱的宿命！

（1）**装满**一个推车
（2）**清空**推车，**装满**收银台
（3）**清空**收银台，**装满**推车

（4）**清空**推车，**装满**汽车后备厢
（5）**清空**到家后的汽车后备厢

（6）**装满**冰箱和柜子
（7）**清空**冰箱，**装满**锅子
（8）**清空**锅子，**装满**盘子

（9）**清空**盘子，**装满**胃
（10）**清空**胃里的东西（在一个"小角落"）

2. 餐馆

这是什么东西?

　　餐馆（或者饭店）和学校食堂类似，但盘子里的东西更好吃，而且可以随意上厕所。

区别点

　　餐馆有两种：

高级餐馆

廉价餐馆

钱

　　地球人用钱交换食物。他们使用钞票（一种印有花纹的纸）和银行卡（一种塑料卡片）。

别搞混！

En service

能交换食物的
印花纸

不能交换食物的
印花纸

三、
了解地球人
熟练掌握交流技巧

（一）什么是家庭？

1. 这是一种群体生物······

地球人是　　**爱交流的**　　**群居的**　　**哺乳动物。**
　　　　　　↑　　　　　　↑　　　　　　↑
　　　　一刻不停地　　　无法独自　　　不会产卵
　　　　　说话　　　　　　生活

这正是地球人结成"**家庭**"的原因。

贵族爸爸　　老祖母　　干姐　　俄国爷爷
疯阿姨　　远房表亲　　老祖父　　亲哥　　山姆大叔　　女儿
继父　　儿子　　双胞胎　　养母　　小妹　　运房表妹　　大妹子

外星人情报局发现，这群穿内裤或者花式内裤的地球人会被迫分享三样东西：

食物　　　　　　逛美术馆　　　　　　写作业

2. ⋯⋯会繁殖

一如其他生物，地球人也会保护他们繁衍的私密空间。而且这个过程非常复杂。

注意，少儿不宜！

步骤一：一起造人

1

相遇，然后通过屏幕（或者其他渠道）交流。

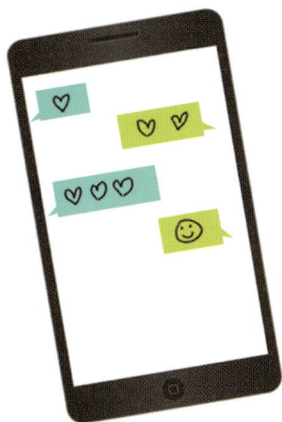

2

一起吃东西（冰激凌或者松露龙虾）。

3

一起去电影院（或者溜冰场、保龄球馆，有时还会一起去骑车）。

4

嘴贴嘴（且不停止呼吸）。

5

开始繁殖（身体贴身体）或领养（心贴心）。

步骤二： 异物种之间的结合

1. 当一种动物遇到另一种动物。
2. 它们一起微笑（僵硬地）。

非专业假笑

也不那么专业的假笑

步骤三： 新物种诞生

1. 新的小生物来到了这个世界。
2. 两种动物一起微笑（真诚地）。
3. 新物种群落越来越庞大！

好漂亮，好可爱！

地球人就是一个
庞大的混合物种群。

3. 小地球人的生活

小地球人在他们的种群中成长。父母逼他们吃穿，逼他们学习。他们的成长环境非常怪异。

外星人情报局发现，有些情形实在令人崩溃。

"放下游戏机，拿餐具！"

小地球人成了奴隶。

"8 × 7 = 43？！今天不准吃甜点！"

小地球人成了饿鬼。

"至少这样不会着凉！"

小地球人成了木乃伊。

（二）地球人的娱乐

为了打发时间，避免无聊，地球人还会娱乐。

1. 游乐园

千万别被地球人
拽去这里！

几公里外，我们仍能听到地球人的尖叫，但他们似乎乐在其中。

为什么？

地球人的所有娱乐都很难理解。

2. 娱乐的不可思议

娱乐不仅 ==毫无益处== ，还常会带来不适，有时甚至会带来痛苦。

案例一：电影

　　许多地球人坐在同一间漆黑的大厅里，不能动，也不能出声，直到墙上的图片放完。

他们怎么能忍受？

　　小地球人从小学习看电影，只是为了吃爆米花。

案例二：运动

　　包括 ==无缘无故地== 动来动去，流汗，有时甚至流血。

能避免吗？

　　==不能！== 每个地球人都会被一种运动绑架：跑步（绕圈的运动）、远足（上山然后下山的运动）、跳舞（跟着音乐摆动手脚的运动）、滑雪（踩着滑雪板下坡，然后坐着缆车上坡）……

案例三：游泳

　　什么是游泳？就是在一个巨大的公共冷水浴缸中（很臭）持续不停地来回。他们会在一条狭窄的水道中游行，非但呼吸困难，还要戴一顶箍着脑袋的橡胶帽和一副模仿苍蝇眼睛的眼镜。

糟糕！

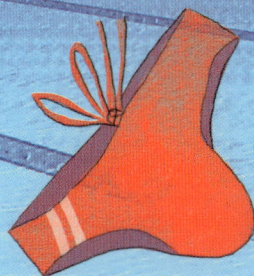

小知识：

　　作为回报，刻苦运动的地球人有时能够获得奥运奖牌*。

＊ 由于地球人的制造能力非常低下，只能制造很少的奖牌，所以这些奖牌很珍贵，特别是奥运奖牌。

（三）情绪

1. 什么是情绪?

情绪锁定!

尽管外星人科学家对地球人的这些情绪很感兴趣,但它们到底是什么,仍是一个谜。地球人认为,情绪反映了他们**身体内部**的感受。

根据地球上的医学书籍记载,情绪也是一种**身体外部的**表达。通过分析各种表情,我们伟大的外星人学者成功地辨识了地球人的多种情绪:

恐惧

呼吸加速

悲伤

产生眼泪

愤怒

发出号叫

地球人的其他情绪:

快乐、厌恶、妒忌、内疚、惊讶、局促、轻蔑、欣慰……

2. 如何辨别情绪？

单凭身体外部的表达，地球人也不能辨认所有情绪，因此他们会用颜色标记情绪化的地球生物。例如：

绿色代表妒忌

红色代表愤怒

白色代表恐惧

情绪辨认的速度至关重要，
因为情绪会互相感染。

千万远离被标记生物！

四、
不可错过的信息
地球人的小秘密

（一）各种各样的地球生物

1. 地球人，一种特别的动物？

地球人并非唯一的地球生物。据外星人情报局评估，地球生物超过七百万种。

但要注意！

如果想和地球人建立良好关系，就得让他们知道，他们只是一种普通的动物！

地球人自以为优于其他地球生物的原因：

（1）他们会开车。

（2）他们有假牙。

（3）他们会修剪发型。

文艺青年

（4）他们穿内裤*。

> 你没有内裤，你不是人。

* 或者花式内裤。

让他们沉迷幻想！

2. 地球人和动物的关系

一些探险家担忧地球人会和动物开战。

放心！外星人情报局研究发现，地球人其实挺喜欢那些动物。

证据一

他们爱吃动物（饲养它们的原因）。

地球人
贩卖动物 ⟶

证据二

他们认为动物很可爱、很迷人。

猫：长毛、有爪、爱偷东西的可怕小动物。

奸诈的小脑袋

这里会膨胀

可怕的尖牙

锋利的爪子

讨人喜欢的小动物（地球人的看法）

蛇：非常普通的动物，手感很好。

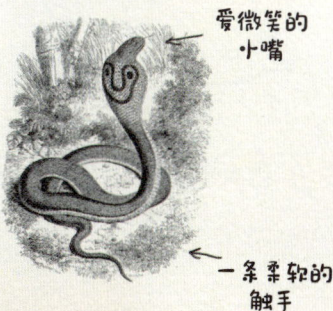

爱微笑的小嘴

一条柔软的触手

令人恐惧的动物（地球人的看法）

证据三

有时，他们会将动物纳入他们的家庭，称之为"宠物"。

猫食寿司

（二）家庭宠物

1. 如何辨认宠物？

似乎大多数地球人都有过度的保护欲，并不喜欢别人训练、观察和分析他们的宠物。幸好，辨认宠物很容易！

它们有三个重要特征。

（1）属于"好漂亮""好可爱""好乖"的范畴。

好漂亮　　不漂亮　　好可爱　　不可爱　　好乖　　不乖　　难以判断

（2）体形合适，**别太大，也别太小。**

（3）必须**便于携带。**

这个不是宠物

这个是！

2. 地球人为什么要养宠物？

第一种可能：

想当老大！

（地球人喜欢这种感觉。）

但事实上，
那些宠物才是真正的老大。

证据一

在路上，
狗会拽着人走。

证据二

它们强迫地球人
做恶心的事情。

睡觉！走路！
别动！
?

谁会来捡你的便便？
奶奶——

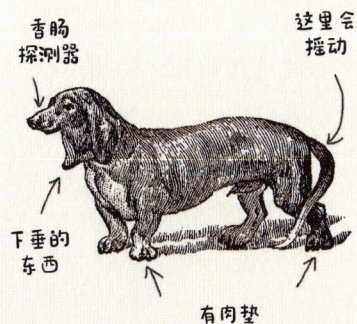
狗：外形多种多样，喜欢
先舔大便再舔人脸。

香肠
探测器

这里会
摇动

下垂的
东西

有肉垫

49

第二种可能：

求爱抚！

外星人情报局曾多次目击奇怪的"爱抚"，如下图所示：

干燥的爱抚

猫科动物

犬科动物

潮湿的爱抚

我们还不知道到底什么是"爱抚"。
但是地球人很喜欢，因为他们经常这么干。

轰

轰

轰

轰

轰

小知识：

　　地球人爱抚小猫时，小猫会发出"轰轰轰"的声音，但地球人似乎并不害怕。

　　爱抚会让他们耳聋？还是说"轰轰轰"的声音是一种我们无法破译的语言？

第三种可能：
为饥荒预留食物

至今，我们仍无法
下定论。

51

（三）已经消失和即将消失的物种

1. 已从地球上消失的动物

据我们的祖先回忆，由于气候变化，大量的地球生物如今已经消失。

地面上没有，但挖地三尺，你或许就能找到：

我饿了，长毛象在哪儿？它们躲起来了？

哎，气温升高了，它们去北方了！

2. 地球人会消失吗？

别担心，下次去地球，你还能见到他们！他们拥有防止气温升高的绝招：

他们会建造白云工厂！

蓝天看不见了！

哎，气温升高了！

……但要抓紧*!

* 地球事也难料。

（四）不能回避的问题

1. 外星人会被地球人当作宠物吗？

计划去地球探险的外星人当然都很关心这个问题！

地球人时常犯错：

（1）有时，他们会把狗当成娃娃。

（2）有时，他们会把手机当成伴侣。

（3）他们总把孩子当成傻瓜。

嗯呱嗯呱嗯呱嗯！

妈*

* 表示很无语！

所以，

风险还是有的：

要当心！

2. 外星人能够把地球人带回家吗?

《星际物种保护法》从未禁止这类行为，所以——**干吗不呢?**

如果你想去地球旅行，可以带走一个地球人作为宠物伴侣！有一个很好的方案，成本很低：挑一个身体健康的地球人，如下供应他的一切生活所需。

可爱的玩伴

放我出去！

富氧空气

杂食动物的食盆

在你的悉心照料下，
地球人会在你的星球过得很好！

（五）地球旅行纪念品

地球人气味100%

地球人牙齿吊坠

地球人的开胃饼干

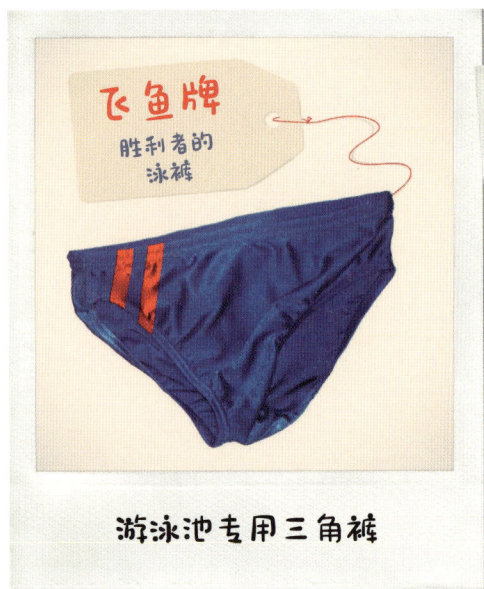
游泳池专用三角裤

土特产

一棵树

古老的运程
心灵感应器

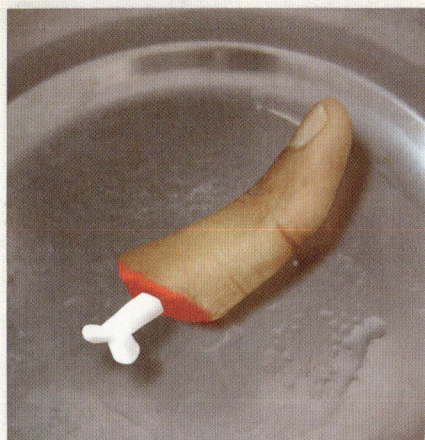

牙医被病人咬下的
手指

一本屎册*

地球人的一两个
好朋友

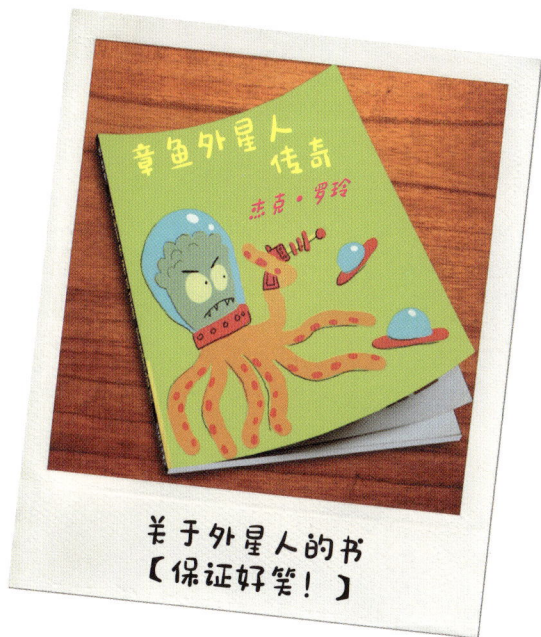

关于外星人的书
【保证好笑!】

* 鼻屎标本。

千万别带走云，别吸走海，别搬走山。

保护地球的生态环境!

（六）神秘的地球！

地球还有许多未解之谜：

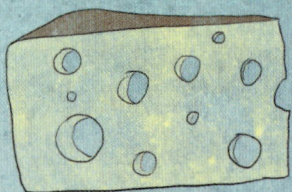

为什么地球人要生产带洞的奶酪？

为什么地球人即使不冷，也要穿衣服？

地球人刷牙要用三分钟。但做其他事，要用多长时间？

头发卷的地球人会把头发拉直，头发直的地球人会把头发烫卷，这是为什么？

为什么动物不团结起来争取权利?

地球人是怎样染上"爱情"这种病的?

以前的地球人

现在的地球人

将来的地球人

为什么地球人可以一起吃饭，一起说话，一起旅行，有时还一起睡觉，却必须独自上厕所?

地球人闭上眼睛后，脑袋里会想什么?

亲吻地球

我在地球上的家！

祝你旅行愉快！

期待你从地球旅行归来，可将疑问、建议和感想反馈至：

法国巴黎圣拉撒路 56 号
T. 穆里尔教授 收

电子邮箱：professeur.mallune@gmail.com